Fernand Papillon

La Science et la Défense Nationale

Essai

 Le code de la propriété intellectuelle du 1er juillet 1992 interdit en effet expressément la photocopie à usage collectif sans autorisation des ayants droit. Or, cette pratique s'est généralisée dans les établissements d'enseignement supérieur, provoquant une baisse brutale des achats de livres et de revues, au point que la possibilité même pour les auteurs de créer des œuvres nouvelles et de les faire éditer correctement est aujourd'hui menacée. En application de la loi du 11 mars 1957, il est interdit de reproduire intégralement ou partiellement le présent ouvrage, sur quelque support que ce soit, sans autorisation de l'Éditeur ou du Centre Français d'Exploitation du Droit de Copie , 20, rue Grands Augustins, 75006 Paris.

ISBN : 978-1977999979

10 9 8 7 6 5 4 3 2 1

Fernand Papillon

La Science et la Défense Nationale

Essai

Table de Matières

La Science et la Défense Nationale   6

La Science et la Défense Nationale

Le génie de la révolution française fut à la hauteur de son patriotisme. Parmi les hommes qu'elle suscita pour combattre ses ennemis, il n'y eut pas seulement de merveilleux orateurs faits, pour enflammer les courages, de glorieux généraux qui improvisèrent pour les circonstances une admirable industrie stratégique ; il y eut encore des savants d'élite chargés d'appliquer les données de la science aux nombreux et pressants besoins de la défense du pays. Le souvenir de leur prodigieuse activité nous est revenu à l'esprit en voyant celle qu'on déploie aujourd'hui pour triompher d'obstacles non moins formidables. Il y a peut-être quelque opportunité à rappeler toutes ces audaces d'autrefois, les nobles tentatives de ces savants désintéressés se mettant corps et âme au service de la république.

Bailly, Condorcet, Monge, Borda et bien d'autres, soit comme hommes de science, soit comme hommes d'état, se signalèrent par leur généreuse ardeur dans Tune des plus terribles crises que le pays ait eu à traverser. Les débris de l'armée de Dumouriez étaient repoussés déposition en position ; Valenciennes ; Condé, ouvraient leurs portes à l'ennemi ; Mayence, sous la pression de la famine, capitulait ; deux armées espagnoles envahissaient notre territoire ; les Piémontais passaient les Alpes ; les Vendéens de Cathelineau s'emparaient de Bressuire, de Thouars, de Saumur, d'Angers, menaçaient Tours et attaquaient Nantes par la rive droite de la Loire, pendant que Charette opérait sur l'autre rive ; Toulon recevait dans sa rade une escadre anglaise ; Marseille, Caen, Lyon, Lille, se révoltaient contre le gouvernement central. De tous les points de l'horizon, l'orage s'amoncelait, et pour comble les arsenaux étaient vides, les armées mal équipées, sans armes, sans munitions, sans vivres, sans discipline, sans ressort. Tel était l'abîme d'où il allait tirer la patrie éplorée.

Fernand Papillon

Le grand effort de la révolution est caractérisé, comme l'a dit M. Michelet, par une immense réquisition de toutes les forces de la France pour défendre le sol national. A chacun fut assigné dans l'œuvre commune son poste ou son devoir. Les jeunes gens devaient aller au combat, les hommes mariés forger des armes et transporter les subsistances, les femmes faire des tentes, des habits, servir dans les hôpitaux ; les enfants étaient requis pour mettre les vieux linges en charpie. Les maisons nationales furent converties en casernes, les places publiques en ateliers d'armes ; le sol des caves devait être lessivé pour en extraire le salpêtre. Les chevaux de selle, étaient requis pour compléter les corps de cavalerie, les chevaux de trait, autres que ceux employés a l'agriculture, pour conduire l'artillerie et les vivres. Une armée de 900,000 hommes fut bientôt levée ; mais il fallait l'organiser, la mettre en état de défendre le pays et assurer l'efficacité de son héroïsme. La république sut y pourvoir avec une activité qu'on n'admirera jamais assez, car tout était à créer ou plutôt à improviser. C'est ici que la science dut intervenir.

La poudre manquait absolument. On sait que la poudre a pour principal élément le salpêtre naturel, alors tiré de l'Inde, et les arrivages de l'Inde avaient forcément cessé. Dès la première réunion des savants chargés de pourvoir aux besoins, la difficulté parut telle que tous les esprits en furent un peu troublés ; ces savants étaient pourtant Fourcroy, Berthollet, Chaptal, Guyton-Morveau. Ces hommes éminents allaient peut-être désespérer, quand l'un d'eux, Monge, fit observer que les écuries, les caves, les lieux sombres et humides, renferment beaucoup plus qu'on ne croit de salpêtre facile à extraire. « On nous donnera de la terre salpêtrée, s'écria-t-il, et trois jours après nous en chargerons les canons ! » La terre salpêtrée contient surtout du nitrate de chaux ; le salpêtre proprement dit est du nitrate de potasse. Pour avoir le salpêtre pur, il faut donc faire subir une manipulation à cette terre salpêtrée et y ajouter de la potasse pour la convertir en salpêtre pur. Perthuis et Vauquelin firent connaître les moyens de récolter une grande quantité de potasse dans toute l'étendue du pays par la combustion des végétaux et le lessivage des cendres. Tous les citoyens furent astreints à incinérer les substances capables de fournir des *salins*. Un décret leur prescrivit également de se livrer à l'exploitation du salpêtre brut et à l'installation de nitrières artificielles. Des instructions simples et lucides furent répandues à cet effet sur tous les points du territoire. En même temps la chimie inventait des procédés expéditifs pour la transformation et le raffinement des matériaux ainsi obtenus. Le nombre des ateliers particuliers ou communaux s'éleva rapidement à plus de six mille dans toute la république. D'un autre côté, chaque district fut invité à envoyer à Paris deux canonniers intelligents et adroits pour y recevoir des leçons sur l'art d'exploiter et de raffiner le salpêtre, ainsi que sur celui de fabriquer la poudre. La raffinerie de *l'Unité*, construite sur l'emplacement de l'abbaye Saint-Germain-des-Prés et dirigée par Carny, reçut de toutes parts des matériaux salpêtrés à profusion, au point que l'on en raffinait régulièrement jusqu'à 30,000 kilogrammes par jour dans cette seule manufacture. L'empressement fut aussi vif que général. Chaque particulier descendait dans sa cave ; on remuait en tout sens le terrain et les décombres pour en extraire les terres et les plâtras salpêtrés. « On lèche chaque mur, dit un auteur du temps, et des milliers de pelles amènent le sol humide aux rayons du soleil. » Avant la révolution de 89, à peine réussissait-on à extraire annuellement du sol de la France un million de livres de salpêtre. Grâce à l'activité de la Commission que Monge enflammait de son ardeur, on en tira 12 millions en neuf mois. Il n'existait qu'un nombre très borné de moulins à poudre ; de simples tonneaux que des hommes faisaient tourner et dans lesquels le soufre, le charbon et le salpêtre pulvérisés étaient mêlés avec des boules de cuivre, remplirent l'office des anciennes manufactures. Duc immense poudrerie construite à Grenelle put livrer aux armées plus de 4,500,000 kilogrammes de poudre en cinq mois.

Pour fabriquer des armes, il fallait du cuivre, de l'étain, de l'acier. Les mines de France ne fournissaient du cuivre et de l'étain que dans des proportions insignifiantes ; les pays d'où nous tirions ces métaux nous étaient alors fermés. Quant à l'acier, nous ignorions l'art de le fabriquer. Le métal des cloches est un alliage de cuivre et d'étain, mais dans des proportions qui ne satisfont point aux besoins des armes de guerre. Pelletier et Darcet, a la suite de nombreuses expériences faites à Romilly, découvrirent le moyen expéditif de séparer ces deux métaux. Les cloches des églises, des couvents, des horloges publiques, furent mises en réquisition, et on eut là une inépuisable mine de métal. Chaque cité fournit ainsi son lingot pour la défense de la république. Le moulage en terre, usité dans toutes les anciennes fonderies de canons, n'étant pas assez rapide, on y substitua le moulage en sable. Les moyens de forer et d'aléser les pièces reçurent en même temps d'utiles perfectionnements. Le jour où le premier canon put être essayé au Champ de Mars, tout Paris se porta sur les talus. Le succès fut complet, et l'espérance du triomphe prochain se joignit aux immenses acclamations de la foule.

La fabrication de l'acier, grâce aux recherches de nos chimistes, fut inventée comme par intuition et immédiatement organisée par Monge, Vandermonde et Berthollet. Au lieu de deux fonderies de canons de bronze, nous en eûmes quinze, dont le produit annuel put s'élever à 7,000 pièces. Les fonderies de canons de fer furent portées de quatre à trente, et donnèrent par année 13,000 pièces au lieu de 900. En même temps, la fabrication des bombes, des obus, des boulets, de tout le matériel d'artillerie, croissait dans une semblable proportion. Au lieu d'une manufacture d'armes blanches, il y en eut bientôt vingt, et Paris devint capable de fabriquer, avec de l'acier français, 140,000 fusils par an.

Monge était l'inspirateur et le directeur de ces travaux ; il visitait les ateliers, écrivait des notices pour l'instruction des ouvriers, et trouvait encore le temps de composer un ouvrage considérable sur l'*Art de fabriquer les canons*. Ajoutons que l'illustre géomètre n'était pas rétribué. Mme Monge racontait plus tard à François Arago que bien souvent son mari, au retour de ses fatigantes inspections, n'avait pour dîner que du pain sec. Il déjeunait de même ; tous les matins, à quatre heures, il quittait son logis, emportant sous le bras son déjeuner de Spartiate. Un jour que sa famille y avait ajouté un morceau de fromage, Monge s'écria : « Vous allez me mettre une méchante affaire sur les bras ; ne vous ai-je donc pas raconté qu'ayant montré la semaine dernière un peu de gourmandise, j'entendis avec beaucoup de peine le représentant Niou dire mystérieusement à ceux qui l'entouraient : « Monge commence à ne pas se gêner ; voyez, il mange des radis ! » Une autre fois, Mme Monge apprend que son mari et Berthollet ont été dénoncés ; elle court aux informations et trouve le célèbre chimiste assis tranquillement aux Tuileries, à l'ombre des marronniers. Le même avis lui est parvenu ; mais il croit savoir que rien ne se fera avant huit jours. « Ensuite, ajoute-t-il avec calme, nous serons certainement arrêtés, jugés, condamnés et exécutés. » Monge rentre ; sa femme, tout en pleurs, lui répète la terrible prédiction de Berthollet. « Ma foi, dit-il, je ne sais rien de tout cela ; ce que je sais, c'est que mes fabriques de canons marchent à merveille. » — Tous les savants de cette époque nous offrent de semblables exemples de stoïque dévouement à la chose publique.

L'art de tanner les cuirs était long et dispendieux, et pourtant la fabrication des chaussures en exigeait immédiatement de grandes quantités. Seguin se mit avec ardeur à étudier les procédés de tannage et à faire des expériences nouvelles. Le comité de salut public lui accorda un local situé à Mousseaux pour y appliquer ses plans, qui lui permettaient d'obtenir en peu de jours des cuirs très bien tannés. Deyeux, Molard et

Pelletier s'occupèrent d'opérer la refonte du papier imprimé ou écrit. Darcet, Lelièvre et Pelletier renouvelèrent l'art du savonnier, et, afin que la France pût fabriquer et trouver chez elle la soude nécessaire, ils examinèrent les procédés destinés à extraire cette substance du sel marin. C'est à cette occasion que Leblanc fit connaître le moyen célèbre qu'il avait découvert, et qui consiste à transformer le sel marin en sulfate de soude, puis à décomposer celui-ci par un mélange de charbon et de craie à une haute température. Grâce à cette invention considérable, la France put préparer de la soude chez elle et renoncer à celle qu'on faisait venir à grands frais de l'étranger, surtout d'Alicante.

Voilà comment les chimistes secondèrent la défense nationale et contribuèrent, avec l'illustre Carnot, à l'organisation de la victoire. La chimie joua le principal rôle dans cette suite de travaux. « Sans les lumières de cette science, disent les *Annales de chimie*, aurait-on fait la quantité de salpêtre, de poudre et d'armes qu'on a fabriquée depuis quatre ans ? Aurait-on eu le fer, le cuivre, l'acier, la potasse, la soude, les cuirs et tant d'autres matières précieuses qui nous ont servi à vaincre nos ennemis et à soutenir notre existence ? Sans la chimie, aurait-on perfectionné, comme on l'a fait, l'aérostation ? »

Les aérostats, de même que les télégraphes, ont été inaugurés sous la révolution ; auparavant ils n'étaient guère que de pures curiosités scientifiques. On s'en sert aujourd'hui sous d'autres formes et quelquefois pour une autre destination ; mais il est intéressant de voir que le baptême leur a été donné par la défense nationale dans nos guerres de la république. Les aérostats, dont l'invention par les frères Montgolfier était encore récente, et qui venaient d'être l'objet de tant d'expériences ; rendirent alors de grands services à l'art militaire. C'est à Guyton-Morveau que revient l'idée de cette application des ballons à l'observation des mouvements de l'armée ennemie. Il la soumit au comité de salut public, qui l'accepta immédiatement avec la seule réserve de ne pas se servir d'acide sulfurique pour la préparation du gaz hydrogène, l'acide sulfurique s'obtenant avec le soufre, lequel était à cette époque très rare en France et indispensable à la fabrication de la poudre. On convint que l'hydrogène serait obtenu par la décomposition de l'eau au moyen, du fer porté au rouge. Coutelle, jeune physicien de talent, ami de Guyton-Morveau, fut chargé par lui des expériences relatives à la production du gaz et au gonflement des ballons. On l'installa aux Tuileries, et on mit à sa disposition un aérostat de 9 mètres de diamètre avec tous les matériaux nécessaires à la préparation de l'hydrogène. Les premières tentatives furent pénibles et laborieuses, mais au bout de quelques jours la commission, satisfaite du résultat obtenu, donnait à l'aéronaute Coutelle l'ordre de partir pour la Belgique et d'aller soumettre au général Jourdan la proposition d'appliquer les aérostats aux opérations militaires.

Jourdan à la tête de l'armée de Sambre-et-Meuse venait d'envahir la Belgique. Coutelle, après bien des difficultés, parvint à rejoindre nos avant-postes, d'où il fut conduit devant Duquesnoy, commissaire de la convention à l'armée du Nord. Celui-ci ne comprit rien à l'invitation du comité de salut public. « Un ballon dans le camp ? dit-il à Coutelle ; vous m'avez tout l'air d'un suspect, je vais commencer par vous faire fusiller. » On réussit pourtant à calmer Duquesnoy, qui renvoya Coutelle au général Jourdan. Malheureusement l'ennemi était proche, une attaque était imminente, et il, n'y avait pas un instant à consacrer à des expériences. Tout en comprenant l'utilité du moyen proposé et en y donnant son assentiment, Jourdan dut en ajourner l'application. Coutelle revint à Paris, et fit dans le château de Meudon de nouveaux essais suivis d'ascensions remarquables. Sur l'ordre du gouvernement, il organisa une compagnie d'*aérostiers* formée d'hommes habitués à toutes les manipulations et manœuvres que comportent le gonflement et la conduite des ballons. Peu après, il se rendit à Maubeuge, où l'armée venait de rentrer, choisit un emplacement pour la préparation du gaz, et disposa tout en attendant les équipages qu'il avait expédiés de Meudon. Les aérostiers étaient suspects à l'armée et produisaient sur elle une impression désagréable. Pour mettre un terme à ce sentiment de défiance dont il s'était aperçu, Coutelle demanda et obtint la permission d'emmener sa compagnie à la première affaire. Une sortie devait avoir lieu le lendemain contre les Autrichiens retranchés à une portée de canon ; la petite troupe y fut employée et s'en tira vaillamment. Les équipages étant arrivés, Coutelle entreprit la préparation du gaz, le gonflement des ballons, et l'on put commencer à reconnaître les positions de l'ennemi.

Deux fois par jour, tantôt seul, tantôt en compagnie de Jourdan lui-même, Coutelle s'élevait avec son ballon captif, *l'Entreprenant*, la manœuvre de l'aérostat s'exécutait avec le plus grand silence, et la correspondance avec les personnes qui retenaient les cordes se faisait au moyen de petits drapeaux de couleur. Ces signaux servaient à indiquer aux conducteurs les mouvements à exécuter, monter, descendre, avancer, etc. ; un moyen analogue servait à envoyer des ordres au capitaine de l'aérostat. Ce dernier transmettait le résultat de ses observations par des notes manuscrites attachées à de petits sacs de sable qu'il jetait sur le sol, et qui étaient apportés au général en chef. Jourdan tirait un grand parti de ce nouveau moyen d'observation. Il se disposait à investir Charleroi, place importante éloignée de douze lieues du point où se trouvait l'armée française ; Coutelle dut s'y transporter avec son ballon tout gonflé, le temps ne permettant pas de le vider pour le remplir de nouveau. Le ballon, maintenu en l'air à une petite hauteur, fut traîné par vingt aérostiers et quitta la place au point du jour, avec la cavalerie et les équipages de l'armée, sans être aperçu par les vedettes ennemies. On atteignit Charleroi avant la nuit, à temps pour faire une première reconnaissance. Une seconde fut faite le lendemain, et le jour suivant Coutelle resta pendant plusieurs heures en observation avec le général Morelot. Les Autrichiens ayant marché sur Charleroi pour délivrer la place, Jourdan les battit à Fleurus, et dut en partie le succès aux renseignements que le ballon lui avait transmis. Après cette victoire décisive, l'aérostat suivit les mouvements de l'armée, à laquelle il rendit encore quelques services, et fut ramené à Paris après la prise de Bruxelles.

Coutelle y revint en même temps et fut chargé d'organiser une nouvelle compagnie d'aérostiers pour l'armée du Rhin, où elle se rendit bientôt. Un jour qu'il faisait une reconnaissance sur les bords du Rhin, Coutelle fut pris d'un frisson violent suivi d'une fièvre intense. Alors il donna le commandement de la compagnie à son lieutenant, et on passa le Rhin ; seulement le ballon était trop bas, des Autrichiens embusqués tirèrent dessus et le criblèrent de balles. Cette mésaventure fit délaisser les ballons pendant un certain temps. Néanmoins Coutelle, de retour à Paris, avait obtenu du gouvernement l'autorisation de fonder à Meudon, de concert avec Conté, une *école aérostatique* où des élèves furent exercés aux manœuvres. Dans la suite, les aérostats furent encore utilisés, notamment à Bonn, à la Chartreuse de Liège, au siège de Coblentz, à Kehl et à Strasbourg, sous le commandement de Jourdan, Lefebvre, Pichegru et Moreau.

Au milieu du XVIIIe siècle, plusieurs savants, parmi lesquels Amontons, imaginèrent des systèmes de signaux pouvant servir à la transmission rapide des dépêches ; mais ils ne réussirent point à en faire essayer l'application. L'abbé Chappe devait être plus heureux. Le 22 mars 1792, il présentait à l'assemblée législative un projet de télégraphe aérien qui, après avoir séjourné pendant quelque temps dans les cartons du comité d'instruction publique, frappa plusieurs représentants, et devint enfin un an plus tard l'objet d'un rapport favorable. La convention vota une somme de 6,000 francs pour les premières expériences. Le 12 juillet suivant, Daunou, Lakanal et Arbogast étant présents à titre de commissaires de la république, on établit trois postes télégraphiques : le premier à Ménilmontant, le second à Ecouen et le troisième à Saint-Martin-du-Tertre, à 35 kilomètres de Paris. Les expériences durèrent trois jours et furent couronnées de succès. Sur le rapport des commissaires, la convention prescrivit l'établissement d'une série de postes entre la capitale et les frontières du nord, sous la direction de l'abbé Chappe et de ses deux frères. Il paraît que des difficultés inattendues s'élevèrent, car le télégraphe ne fut livré au service que l'année suivante. Le 30 août 1794, Carnot, au nom du comité de salut public, parut à la tribune et communiqua la première dépêche transmise par le nouveau courrier. « Citoyens, dit-il, voici la nouvelle qui nous arrive à l'instant : Condé est restitué à la république. La reddition a eu lieu ce matin à six heures. » Une vive acclamation suivit cette lecture. L'assemblée décréta que Condé prendrait le nom de *Nord-Libre*, et que l'armée du nord avait bien mérité de la patrie. A l'issue de la séance, le président donna lecture d'une lettre de Chappe, écrite le même jour, annonçant que les décrets de l'assemblée avaient été envoyés à Lille par le télégraphe, et que l'accusé de réception avait été communique par la même voie. Trois dépêches avaient ainsi été échangées dans la même journée entre la capitale et les frontières.

Parmi les savants que nous avons cités se trouvent beaucoup de membres de l'Académie des Sciences. L'illustre compagnie, loin de se désintéresser de la crise, avait montré la plus honorable activité pour en conjurer les maux ; malheureusement elle y devait succomber elle-même. Ses relations avec les pouvoirs chargés de la défense, commencées sous les auspices les plus heureux, finirent par une triste mesure, la suppression de l'Académie. L'assemblée nationale, toute-puissante et, comme on l'a dit spirituellement, condamnée à une science universelle, était accablée d'offres et de demandes de toute sorte. Elle déféra, pour alléger sa tâche, an grand nombre de questions à l'Académie, qui au début se retrancha avec une prudente sincérité dans son rôle purement scientifique. Consultée sur le nombre des pains de quatre livres que l'on peut retirer d'un sac de farine, elle renvoya la municipalité à un rapport antérieur de 1783, qui rendait de nouvelles expériences absolument inutiles. A l'occasion d'un projet de cartouche incendiaire destinée aux combats sur mer, elle reconnut les avantages destructeurs de la cartouche, et convint que par ce moyen l'équipage entier d'un navire deviendrait la proie des flammes ; mais elle se demanda s'il était permis ou même nécessaire d'employer un tel procédé. Les commissaires rappelèrent aussi qu'en 1759, pendant la guerre de sept ans, lorsqu'on of frit à Louis XV d'employer un feu inextinguible que venait de découvrir un joaillier de Paris, le roi ordonna d'ensevelir le secret dans le plus profond oubli. D'après ces considérations, l'Académie, fidèle à ses principes et à ceux de l'humanité, conclut qu'elle ne pouvait, sans un ordre exprès du gouvernement, faire des expériences sur la cartouche proposée. Le 13 avril 1791, l'Académie fut invitée à faire l'essai des métaux précieux provenant des églises jugées inutiles au culte ; un des membres de la commission trouva que c'étaient des opérations délicates tant *par rapport aux circonstances* que pour obtenir des résultats satisfaisants, et demanda que l'on nommât de nouveaux commissaires. Pendant ce temps, il est vrai, Fourcroy et Baume étudiaient avec soin la composition du métal des cloches, et cherchaient sans la moindre timidité le moyen d'en séparer les métaux intégrants, afin d'avoir le cuivre qui devait être converti en bouches à feu et en pièces de 2 sous. Lagrange et Borda acceptaient l'examen d'un mémoire de l'abbé Mongès sur les moyens d'utiliser pour la science la prochaine destruction des clochers. Enfin l'Académie travaillait avec ardeur, régularité et un très noble sentiment des besoins de la situation. Le

11 août 1792, le lendemain de l'invasion des Tuileries, était un jour de séance, vingt-deux académiciens étaient présents ; mais, pour la première fois depuis le commencement de la révolution, aucune communication n'était à l'ordre du jour.

Les séances continuèrent cependant ; on s'assemblait une fois par décade, et on discutait toujours autant que possible des questions d'un intérêt pratique. Le 4 novembre, Borda rendait compte des travaux relatifs aux poids et mesures ; Lavoisier lisait un mémoire sur la hauteur des montagnes qui entourent Paris. Le gouvernement cependant n'oubliait pas d'avoir recours aux lumières des académiciens ; on leur demandait leur avis sur des voitures couvertes destinées aux transports des malades, sur les perfectionnements à introduire dans le régime des hôpitaux, etc. Alors que la crise de 93 était imminente, l'Académie fut consultée sur la manière d'accorder l'ère de la république avec l'ère grégorienne, sur une machine de guerre, sur une nouvelle invention de boulets, sur un taffetas huilé propre à faire des manteaux pour les troupes, sur l'idée d'établir plusieurs canons sur un même affût (n'est-ce pas le germe de nos mitrailleuses ?), sur la conservation des eaux à bord des navires, sur la conservation des biscuits et des légumes à la mer. L'Académie répondit toujours de son mieux et de façon à satisfaire soit la convention, soit le comité de salut public.

Malgré ces services nombreux rendus à la science et au pays, malgré les efforts de Lakanal, qui s'était constitué en ces temps difficiles le protecteur dévoué de la science et des arts, la compagnie dut se dissoudre dès la fin de mai 1793. Un instant on lui restitua par décret le droit de s'assembler pour s'occuper seulement des questions qui pourraient lui être soumises par la convention ; mais, sentant qu'elle ne devait guère en profiter, elle n'accueillit cette permission qu'avec une extrême défiance. Peu de temps après, l'Académie n'existait plus ; beaucoup de ses membres furent écartés des diverses commissions scientifiques et économiques dont ils faisaient partie. Berthollet cependant conserva la confiance du comité de salut public sans cesser de rester indépendant. Quelques jours avant le 9 thermidor, un dépôt sableux est trouvé dans une barrique d'eau-de-vie destinée à l'armée. Les fournisseurs, soupçonnés de fraude ou d'empoisonnement, sont aussitôt arrêtés. Berthollet examine l'eau-de-vie et la trouve pure de tout mélange. « Tu oses soutenir, lui dit Robespierre, que cette eau-de-vie ne contient pas de poison ? » Pour toute réponse, Berthollet en avale un verre en disant : « Je n'en ai jamais tant bu. — Tu as bien du courage, s'écrie Robespierre. — J'en ai eu davantage en signant mon rapport. » L'affaire en resta là. Tous les académiciens ne furent pas aussi heureux que Berthollet. On connaît la fin cruelle et tragique de Lavoisier et de Condorcet ; d'autres furent obligés de s'éloigner. Bref la compagnie tout entière fut dispersée jusqu'au 23 mai 1796, où elle fut rétablie sous un autre nom.

La situation de la France diffère aujourd'hui beaucoup de ce qu'elle était dans les premières années de la révolution, mais elle n'est pas moins grave. Paris et la province sont séparées par une barrière d'ennemis ; la capitale, investie et isolée, doit tirer d'elle-même tous les matériaux nécessaires à la fabrication des engins de guerre et toutes les ressources indispensables à l'organisation des moyens de défense. Heureusement la grande « cité du luxe et des plaisirs » est en même temps un centre industriel si florissant et si actif, qu'on est assuré d'y trouver de quoi subvenir à tous les besoins urgents. Le gouvernement, les académies, les divers comités scientifiques, les corps d'ingénieurs, concourent dans un même effort patriotique pour encourager, éclairer, hâter et régulariser l'œuvre de la défense. Déjà les résultats obtenus sont d'un consolant augure, quoi qu'en disent les téméraires impatiens et les pessimistes incorrigibles. S'il est juste de reconnaître qu'il y a eu au début de la lenteur et de l'hésitation, un manque réel de décision et d'espoir, il ne l'est pas moins de se féliciter aujourd'hui de l'impulsion donnée à tous les travaux.

L'Académie des Sciences n'a pas oublié les devoirs que lui imposent les grands souvenirs de la république. Ses séances, qu'elle continue à tenir, comme d'habitude, tous les lundis, sont consacrées à l'étude des questions que soulève le côté scientifique de la défense et de l'hygiène de Paris. Son secrétaire perpétuel, M. Dumas, se distingue par l'active sagacité avec laquelle il élucide tout ce qui est relatif à l'alimentation et à la santé des citoyens. L'administration fera son profit des conseils excellents qu'il a donnés pour la préparation des viandes salées et pour la conservation des diverses denrées, ainsi que sur les moyens d'utiliser beaucoup de déchets restés jusqu'ici sans emploi dans l'alimentation, et de remédier à la rareté du beurre et du lait. M. Dumas nous a fait savoir également que, les meules de la manutention militaire et celles de l'assistance publique ne suffisant pas pour moudre le blé renfermé dans Paris, M. Gail s'est chargé de monter un nombre considérable de petites meules verticales à rotation rapide, et M. Krantz d'installer des moulins ordinaires à meule horizontale dans tous les points de Paris où se trouvent des moteurs. L'Académie a discuté aussi les moyens de faire servir l'orge et l'avoine à la nourriture des habitants et divers problèmes qui se rapportent plus spécialement à l'art militaire. M. Dupuy de Lôme est en train (d'expérimenter un système pour la direction des aérostats.

Le génie civil s'est joint au génie militaire pour tout ce qui concerne les travaux de fortification et la fabrication des armes. Les documents publiés par le gouvernement prouvent que cette activité multiple n'est pas restée inféconde. Le corps des ponts et chaussées a construit en dix-huit jours le chemin de fer de la rue militaire, qui permet le transport rapide des troupes et du matériel sur tout le pourtour de la place. Deux barrages ont été établis sur la Seine, à Suresnes et au nord de l'île de la Grande-Jatte, une estacade au Point-du-

Jour, un pont de bateaux en amont du mur d'enceinte et deux barrages incombustibles au pont Napoléon, pour arrêter les brûlots incendiaires que pourrait charrier la Seine. D'autre part, les ingénieurs des mines ont exploré les carrières souterraines qui se trouvent en si grand nombre dans le sol parisien. Les puits ont été comblés, les galeries murées, les ouvertures à portée des glacis détruites. Les carrières à ciel ouvert qu'on n'a pu combler ont été rendues impraticables ; sous le sol de Boulogne, de Billancourt, de Neuilly, de Clichy, etc., les égouts ont été transformés en fourneaux de mines ; enfin une vaste poudrière blindée a été construite pour servir de dépôt aux munitions d'artillerie.

En ce qui concerne la chimie, le rôle qu'elle joue aujourd'hui dans la défense nationale est encore plus étendu et plus compliqué, parce qu'elle est plus riche et plus avancée. Les cendres, les salpêtres, les potasses, le soufre, ont été mis en réquisition pour la fabrication de la poudre ordinaire, et cette fabrication marche avec une rapidité surprenante. Le 17 octobre, nous avions déjà environ 3 millions de kilogrammes de poudre en magasin, c'est-à-dire deux fois plus que n'en a consommé le siège de Sébastopol. De vastes ateliers ont été ouverts pour la fabrication des cartouches d'infanterie ; on en confectionne 2 millions par semaine, ce qui dépasse de beaucoup les besoins présumés. Un grand nombre de compositions ont été proposées comme plus avantageuses que la poudre ordinaire, soit au point de vue de l'économie, soit au point de vue de la puissance balistique. On emploie en Allemagne, principalement pour déterminer l'explosion des projectiles creux, un mélange inventé par M. Keveley et connu sous le nom de *poudre blanche*, Il se compose de deux parties de chlorate de potasse pour une de prussiate de potasse et une de sucre. Ce mélange est moins cher, donne moins de fumée que la poudre noire, et se prépare plus rapidement. Séduit par les qualités de cette poudre, le gouvernement en avait fait une importante commande au propriétaire de l'usine de la rue Javel, M. de Plazanet, et trente-deux tonneaux de 35 kilos chacun devaient être livrés le vendredi 7 octobre dernier. La préparation, confiée à un habile contre-maître, allait très bien, les plus grandes précautions paraissaient avoir été prises pour en assurer la célérité et la sécurité, quand une explosion épouvantable eut lieu l'avant-veille du jour de livraison, et y causa la mort de plusieurs ouvriers.

Indépendamment de ces poudres, destinées à lancer les projectiles ordinaires, on a étudié et résolu dans les comités scientifiques un grand nombre d'autres problèmes intéressants, tels que l'emploi de la lumière électrique pour entraver les travaux de nuit des assiégeants, l'éclairage au magnésium, l'inflammation des mines à distance, — enfin l'application des matières explosives comme moyen d'arrêter l'ennemi sur la brèche. Les abords des forts ont été semés de redoutables torpilles qui se cachent facilement à la surface du sol, et éclatent sous la pression du pied. Examinons rapidement la nature et les propriétés du contenu variable de ces torpilles, à savoir le picrate, le coton-poudre et la dynamite.

La notoriété du picrate de potasse en France date de l'accident qui eut lieu le 16 mars 1869 sur la place de la Sorbonne, dans le magasin de produits chimiques de M. Fontaine. Les caractères explosifs de ce corps avaient passé inaperçus, parce qu'en effet ils sont peu marqués. Il faut le mélanger à d'autres sels, comme l'ont fait M. Designolle et M. Fontaine, pour obtenir une poudre douée de propriétés balistiques d'une grande puissance. En 1865, des expériences furent entreprises à Brest et à Toulon, sous la direction de l'amiral de Chabannes, touchant l'emploi de torpilles sous-marines au picrate de potasse. A Brest, une vieille frégate fut mise en pièces par l'explosion d'une seule torpille ; à Toulon, une torpille, placée à 7 mètres de profondeur dans la mer, détermina en sautant la projection d'un cône d'eau a 50 mètres de hauteur. Notre manufacture du Bouchet fabrique depuis plusieurs années de la poudre au picrate de potasse ; on mélange pour l'obtenir le picrate au salpêtre et au charbon, et on en fait de petits globules. Cette poudre est surtout sensible à l'action du feu et des étincelles électriques, mais elle l'est beaucoup moins au choc. Nos ports doivent probablement être gardés par quelques torpilles de picrate.

Schonbein prépara pour la première fois en 1846 une substance qui a joué depuis un certain rôle dans les travaux publics et dans la guerre comme rivale de la poudre à canon ; nous voulons parler du *coton-poudre* ou fulmi-coton, qui s'obtient par la réaction de l'acide nitrique sur le coton. Ce corps est en effet doué de propriétés explosives très considérables qui donnèrent au début de grandes espérances. Malheureusement il est difficile de l'obtenir toujours pur, il brûle si vite qu'il brise les armes, et il a une certaine tendance à s'enflammer spontanément. Toutes les fois qu'on a voulu le fabriquer sur une grande échelle, on a eu à déplorer des accidents désastreux, comme ceux qui survinrent en mars 1847 et en juin 1848 à la manufacture du Bouchet. Il y a dix ans, on essaya vainement en Autriche de tirer parti du coton-poudre pour les armes de guerre ; il fut, à la suite d'épreuves multipliées, reconnu impropre à ce genre de service aussi bien qu'à tout autre, vu l'irrégularité de combustion de ce produit et les dangers qu'en présente le maniement. Dans ces dernières années seulement, un chimiste anglais, M. Abel, après une série de longues expériences, est parvenu à perfectionner d'une façon notable l'application du coton-poudre. Il réduit celui-ci, par une extrême division des fibres, à un état de pulpe analogue à la pâte de papier, et, au moyen d'une forte pression, il convertit cette pulpe en petites masses tellement compactes, que le danger des combustions spontanées disparaît complètement. Plusieurs maisons anglaises fabriquent ainsi de petites charges déformes très diverses et possédant une grande force explosive sous un volume très réduit. Des épreuves décisives ont d'ailleurs prouvé que le transport du coton-poudre ainsi préparé peut être effectué sans aucun inconvénient. La nouvelle poudrerie installée boulevard Philippe-Auguste en fabrique 100 kilog. par jour sans compter 4,000 kilog. de poudre ordinaire. Les propriétés du coton-poudre comprimé par la méthode de M. Abel seront mises à profit dans la défense de Paris, ainsi que celles d'une autre matière bien curieuse, sur laquelle nous devons maintenant donner quelques détails.

Tout le monde a entendu parler des effets terribles de la nitroglycérine. Découverte par Sobrero en 1847 dans la réaction de l'acide nitrique sur la glycérine, elle constitue un liquide oléagineux doué d'un parfum assez agréable et donnant lieu à une formidable explosion lorsqu'on en provoque la décomposition par le feu et surtout par le choc. Elle présente en effet cette particularité d'être sensible aux vibrations bien plus qu'à la chaleur. Ce corps est la base de la dynamite. Employée pure et liquide, la nitroglycérine est fort dangereuse à cause de l'instabilité des éléments qu'elle renferme, toujours prêts à se dissocier avec une violence épouvantable, et le moindre ébranlement suffit pour les y aider. Quand la nitroglycérine détone, elle fait détoner celle qui se trouve dans le voisinage, quoique hors de l'atteinte des flammes. De là de grands périls à la transporter et même à la préparer, à tel point que les ingénieurs de tous les pays se sont rapidement décidés à en rejeter l'usage, comme il était arrivé pour le coton-poudre ordinaire. On se rappelle, entre autres catastrophes, l'explosion du steamer l'Européen, de la compagnie des Indes occidentales (3 avril 1866), celle qui survint quelques jours après à San-Francisco, où deux barils de nitroglycérine, en éclatant, produisirent dans la ville l'effet d'un tremblement de terre, et enfin la destruction du village de Quenast, en Brabant, produite par une explosion du même corps. Cependant en 1865 un savant ingénieur suédois, M. Nobel, découvrait que, mélangée à du sable fin, à de la silice, la nitroglycérine devient beaucoup plus facile à manier, sans rien perdre de son énergie explosive. C'est précisément ce mélange qui constitue la dynamite. Peu connue en France, la dynamite rend depuis longtemps à l'étranger de grands services aux travaux publics et aux mines : peu de personnes savent que Cologne possède une immense manufacture pour la fabrication de ce produit. Les mines de Norvège et de Californie en consomment beaucoup. Chose curieuse, aucun accident ne s'est jamais produit dans la préparation, le transport ou l'emmagasinage de cette poudre. Dans la terrible explosion de nitroglycérine qui fit sauter, il y a deux ans, une manufacture à Stockholm, un dépôt de dynamite contigu à l'établissement fut projeté au loin et disséminé, mais non enflammé. Puissance mécanique énorme et sécurité absolue, voilà en résumé les deux qualités qui caractérisent la dynamite, et doivent en recommander l'usage. Il est bon d'ajouter que le nouveau coton-poudre les possède aussi, quoique à un moindre degré. Deux substances impossibles à manier, alors qu'un choc accidentel ou la moindre secousse en déterminait l'explosion et auxquelles on avait été forcé de renoncer, sont ainsi redevenues précieuses, grâce aux travaux chimiques qui ont permis d'en maîtriser et d'en régler l'action.

Il nous reste à parler d'une dernière catégorie de moyens de défense ou plutôt de procédés de destruction, procédés extrêmes auxquels il faudra bien en venir, si les entreprises de l'ennemi nous y obligent : il s'agit des *feux liquides* et autres compositions inextinguibles rappelant plus ou moins le terrible feu grégeois du moyen âge. On a d'abord et tout naturellement songé au pétrole. Celui que renfermait la capitale a été mis en réquisition, et il sera utilement employé soit pour des bombes incendiaires, soit pour enflammer à un moment donné les branches d'arbres qu'on a disposées autour des forts. On ignore, la composition exacte du feu grégeois dont parle le chroniqueur Joinville ; les tentatives faites pour en retrouver la formule n'ont pas abouti. Il est probable cependant qu'il devait se composer de quelque hydrocarbure plus ou moins analogue au pétrole et aux autres essences d'origine bitumineuse ; mais il y a des mélanges plus faciles à allumer, et dont la flamme est plus ardente. Pendant la guerre d'Amérique, les combattants employaient, sous le nom de *feu fenian*, du sulfure de carbone contenant du phosphore en dissolution. Le liquide ainsi obtenu s'évapore très rapidement, et abandonne du phosphore pulvérulent qui prend feu spontanément sans l'approche d'un corps en ignition. Nicklès a fait connaître, sous le nom de *feu lorrain*, un mélange redoutable sur lequel l'attention n'a peut-être pas été suffisamment appelée : on ajoute du chlorure de soufre à du sulfure de carbone, et on obtient un liquide jaune qui peut être conservé impunément en vase clos ; mais, dès qu'on vient à y projeter de l'ammoniaque, une vive déflagration se manifeste, accompagnée d'une flamme intense. Plusieurs journaux ont signalé avec insistance dans ces derniers temps une composition nouvelle inventée par MM. Decanis et Beaume, et qui, d'après de nombreuses expériences, engendrerait réellement un feu inextinguible et d'une vive intensité. Enfin il ne faut pas oublier de mentionner le rôle important que jouent les aérostats dans la communication des dépêches et des ordres du gouvernement. Il n'est pas jusqu'à la photographie qui ne concoure pour sa part à l'œuvre de défense. Les pigeons voyageurs transportent en effet des carrés de papier grands comme l'ongle sur lesquels une longue dépêche est fixée par la photographie microscopique en caractères extrêmement petits qu'on déchiffre avec une forte loupe.

On voit par ces détails que la science prête un concours actif à la défense du pays, et que son rôle est grand dans l'organisation des forces qu'il nous faut opposer aux envahisseurs. Grâce à elle, on aura reconstitué en un mois un matériel plus considérable que celui que nous avions chèrement et laborieusement assemblé depuis plusieurs années, et dont l'ennemi s'est emparé à Sedan ; on aura fabriqué en quelques semaines plus de poudre et de munitions qu'on n'en a dépensé depuis le commencement de la guerre. Des obstacles inconnus jusqu'ici et des engins terribles auront été imaginés pour arrêter l'ennemi. Le patriotisme a subitement révélé de nouveaux procédés, et donné une impulsion vigoureuse au génie des industriels et des savants.

www.ingramcontent.com/pod-product-compliance
Lightning Source LLC
Chambersburg PA
CBHW071222240526
45470CB00018B/2284